Michel Janos

Geometria Fractal

Geometria Fractal
Copyright© Editora Ciência Moderna Ltda., 2008
Todos os direitos para a língua portuguesa reservados pela EDITORA CIÊNCIA MODERNA LTDA.

De acordo com a Lei 9.610 de 19/2/1998, nenhuma parte deste livro poderá ser reproduzida, transmitida e gravada, por qualquer meio eletrônico, mecânico, por fotocópia e outros, sem a prévia autorização, por escrito, da Editora.

Editor: Paulo André P. Marques
Produção Editorial: Camila Cabete Machado
Capa: Márcio Carvalho
Diagramação: Patricia Seabra
Assistente Editorial: Vivian Horta

Várias **Marcas Registradas** aparecem no decorrer deste livro. Mais do que simplesmente listar esses nomes e informar quem possui seus direitos de exploração, ou ainda imprimir os logotipos das mesmas, o editor declara estar utilizando tais nomes apenas para fins editoriais, em benefício exclusivo do dono da Marca Registrada, sem intenção de infringir as regras de sua utilização. Qualquer semelhança em nomes próprios e acontecimentos será mera coincidência.

FICHA CATALOGRÁFICA

Janos, Michel
Geometria Fractal
Rio de Janeiro: Editora Ciência Moderna Ltda., 2008.

1.Geometria, 2.Infinito e finito.
I — Título

ISBN: 978-85-7393-715-2   CDD 516
                               125

Editora Ciência Moderna Ltda.
R. Alice Figueiredo, 46 – Riachuelo
Rio de Janeiro, RJ – Brasil · CEP: 20.950-150
Tel: (21) 2201-6662/ Fax: (21) 2201-6896
E-MAIL: LCM@LCM.COM.BR
WWW.LCM.COM.BR   07/08

Para Beth

Sumário

Introdução VII

Capítulo 1

Fractais Clássicos 1

O Conjunto de Cantor 1

Infinitos 6

George Cantor 8

Conjuntos Denumeráveis e o Continuum 9

Teorema da Diagonal 11

Cardinais Transfinitos 16

Teorema de Cantor-Schooder-Berstein 19

Aritmética dos Infinitos 21

A Hipótese do Continuum 26

A Cardinalidade de C 27

A Curva de Koch 29

A Cesta de Sierpinski 31

A Samambaia de Barnsley 34

Capítulo 2
Semelhança na Natureza 37

Capítulo 3
Transformações Auto-Semelhantes 41

Capítulo 4
Auto-Semelhança e Afinidades 45

Transformações Afins 49

Capítulo 5
A Função Interativa (FI) 55

A Geração de Fractais com a FI 58

Capítulo 6
Dimensões Fractais 63

Dimensões de Objetos Naturais 70

As Aplicações da Geometria Fractal 80

Capítulo 7
Fractal de Mandelbrot 81

    Comportamento Caótico 85

    Fractal de Mandelbrot 86

Capítulo 8
Existe Arte Fractal? 91

Bibliografia 97

Índice 99

Capítulo 1

Fractais Clássicos

Mandelbrot é geralmente considerado como o pai da Geometria Fractal. Mas, antes dele outros matemáticos criaram figuras estranhas que desafiavam o enquadramento nas definições convencionais da geometria euclidiana e, por isso, foram chamados de "monstros matemáticos". Vamos examinar três destes monstros.

O Conjunto de Cantor

O Conjunto de Cantor é talvez o primeiro objeto reconhecido como fractal. Embora não possua o apelo visual da maioria dos fractais, este conjunto é peça fundamental no estudo dos fractais e dos Sistemas Dinâmicos.

Este conjunto representa também um modelo de imaginação abstrata na Matemática.

Para construir o Conjunto de Cantor (**C**) partimos do segmento unitário [0, 1], o qual dividimos em 3 partes iguais e removemos a parte do meio, 1/3 < x < 2/3, processo conhecido como "remoção do terceiro meio". Os dois segmentos que sobraram formam o conjunto $c1$.

Em seguida, usando o mesmo processo de remover o terceiro meio das duas partes que sobraram, chamamos de $c2$ os segmentos que sobraram. Repetindo o processo infinitas vezes chamamos de **C** o conjunto dos **pontos que sobraram** após remover infinitos segmentos.

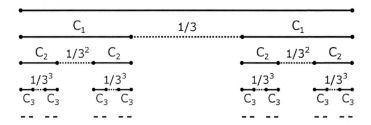

O Conjunto de Cantor

De que é composto o conjunto **C**?

Note que, no 1º passo, removemos 1/3 do comprimento do segmento unitário; no 2º passo, removemos 2 segmentos de comprimento (1/32), isto é, removemos (2/32); no 3º passo, removemos 4 segmentos de comprimento (1/33), isto é, removemos (22/33) e assim por diante.

O total removido é, então,

1 (1/3) + 2(1/3²) + 2²(1/3³) + 2³(1/3⁴) +... = 1/3 (1 + 2/3² + 2²/3³+ 2³/3⁴ +...)

o termo entre parênteses é uma PG de razão (2/3), cuja soma é

$s = 1/(1 - 2/3) = 3$

Portanto, o **comprimento total** removido é igual a

(1/3)?3 = 1

Então, removemos todos os pontos do segmento [0, 1]?

Observando a figura, o leitor será levado a imaginar que certamente sobraram os pontos extremos dos intervalos, isto é, C é o conjunto de todos estes pontos.

Entretanto, isto não é assim. Na verdade, existem muitos pontos que **não são extremos** e que pertencem a C.

Cada vez que removemos um intervalo, ficamos com outros dois intervalos, um na esquerda (E) e outro na direita (D).

Se um ponto está em C, podemos identificá-lo com uma seqüência de posições à esquerda (E) e à direita (D), que indicam a que intervalo este ponto pertence.

E   D

EE   ED

EEE EED

Por exemplo, o ponto extremo à esquerda de **C** é representado por

$$0 \; ? \; EEEE...$$

e o ponto extremo à direita por

$$1 \; ? \; DDDD...$$

é fácil verificar que:

$$1/3 \; ? \; EDDD...$$
$$2/3 \; ? \; DEEE...$$
$$1/9 \; ? \; EEDD...$$
$$2/9 \; ? \; EDEE...$$

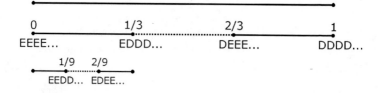

Introdução

Geometria Fractal

No prefácio de seu livro, "Fractals Everywhere", Michael Barnsley diz:

> *"A geometria fractal fará com que você veja as coisas diferente. É perigoso ler mais. Você arrisca perder a visão infantil de nuvens, florestas, flores, galáxias, folhas, penas, rochas, montanhas, torrentes de água, tapetes, tijolos e muito mais. Nunca mais você interpretará estes objetos da mesma forma."*

Nas últimas décadas do século XX, os cientistas descobriram uma nova maneira de entender o crescimento e a complexidade da natureza. Tradicionalmente, para o homem, o mundo funcionava como um relógio de milhões de engrenagens. Muitas engrenagens já haviam sido descobertas e outras aguardavam somente a sua vez para serem decifradas.

Mas uma nova ciência, chamada de "Caos", mostrou que as engrenagens que acionam a natureza às vezes tornam-se erráticas e imprevisíveis.

Por que só agora foi possível observar estes fenômenos? Porque só é possível observá-los usando a grande potência dos computadores.

Segundo a ciência do Caos, na natureza coexistem a ordem (o determinismo) e o caos (a imprevisibilidade).

À ciência do Caos normalmente estão associadas duas áreas novas e interligadas da Matemática. **Os Sistemas Dinâmicos** e a **Geometria Fractal.**

A Teoria dos Sistemas Dinâmicos é o campo que discute analiticamente os fenômenos caóticos e não faz parte de nossos assuntos.

A Geometria Fractal é uma linguagem matemática que descreve, analisa e modela as formas encontradas na natureza.

Tire uma foto de uma couve-flor e de uma pequena parte de seu corpo e amplie as duas fotos no mesmo tamanho. Se a foto não tiver fundo, será geralmente impossível dizer qual é a couve-flor inteira e qual é o pedaço. Isto é assim porque pequenos pedaços da couve-flor são **semelhantes** ao todo. Dizemos, então, que a couve-flor é **auto-semelhante**.

Introdução | XI

Agora, o que os matemáticos descobriram é que este fenômeno de semelhança está provavelmente muito mais presente na natureza do que o leitor talvez imagine. Isto ocorre nas estruturas das plantas, das montanhas, do cosmos, do cérebro, etc. Na verdade, poucas são as formas regulares na natureza, como por exemplo, a laranja, a melancia e o olho humano.

Note que cada **ponto extremo** consiste de uma seqüência composta de uma combinação finita de E's e D's, seguida de uma seqüência infinita de E's ou D's.

Por exemplo

$$EDEDEDDD...$$

$$DDEDD...$$

são, com certeza, pontos extremos de C.

Agora, o leitor poderá perguntar: existirão pontos em C que não terminam em uma seqüência infinita de E's ou D's?

De fato, existem muitos destes pontos.

Tome por exemplo o ponto

$$EDEDED...$$

Este ponto está em

1º estágio	E	$0 < x < 1/3$
2º estágio	D	$2/9 < x < 3/9$
3º estágio	E	$6/27 < x < 7/27$

...

Após k estágios encontramos um intervalo de largura $(1/3)k$ contido no intervalo precedente.

Agora, estes intervalos decrescem em tamanho até que reste somente um ponto, ou seja, o ponto

EDEDED...

Este ponto está em *C* mas não pode ser um ponto extremo, pois ele não termina em uma seqüência infinita de *E*'s ou *D*'s.

Mas muitos outros pontos também não terminam com uma seqüência infinita de *E*'s ou *D*'s, como

EDDEEDDEEEDDEEEEDDEEEEED...

e estes pontos também estão em *C*.

Qual é o tamanho de *C*?

Para responder a esta pergunta, fazemos uma interrupção no estudo da Geometria e embarcamos, com George Cantor, para uma viagem aos infinitos.

Infinitos

Desde os tempos em que os homens começaram a pensar sobre o mundo em que viviam, questões sobre o infinito apareceram. A existência do universo se iniciou em um dado instante? O universo continuará indefinidamente existindo ou ele terminará um dia? Viajando indefinidamente em uma direção atingiremos um ponto final? O que será encontrado neste ponto? Existe o infinitamente pequeno?

Capítulo 1 – Fractais Clássicos 7

Os babilônios foram os primeiros a introduzir a idéia de sistemas de números posicionais, permitindo uma representação seqüencial ilimitada e precisa dos números. Já Aristóteles argumentava contra a idéia de infinito dizendo que somente um número finito de números naturais já foi escrito ou foi concebido, negando a existência de algo real como o infinito, mas aceitando a idéia de infinito potencial.

Com toda esta discórdia sobre o infinito, pode-se perguntar como Euclides estabeleceu que a quantidade de números primos é infinita em 300 AC? Na verdade, o que a proposição de Euclides realmente dizia era que "*os números primos são em maior número que qualquer magnitude de números primos.*" Portanto, de fato Euclides provou que a magnitude de números primos é potencialmente infinita, o que, no final, é o mesmo que dizer que o número de primos é infinito.

Para evitar o uso do infinito, os gregos utilizavam a prova de redução ao absurdo. Por exemplo, para provar que A é igual a B, os gregos provavam primeiro que A não podia ser maior que B e, depois, que A não podia ser menor que B. Vimos também como Archimedes usou o método da exaustão para achar o valor de ??, sem recorrer ao infinito.

Até o século 19, as questões sobre o infinito permaneceram quase que intocadas e, nestes quase vinte séculos, o infinito foi assunto principalmente de teólogos como Santo Agostinho que argumentou em favor de um Deus infinito e capaz de pensamentos infinitos. Já São Thomaz de Aquino usou o fato de não ser possível representar o infinito por qualquer número ou conjunto, como sendo indicação da inexistência do infinito.

George Cantor

George Cantor
http://en.wikipedia.org/wiki/Georg_Cantor

A teoria dos conjuntos, criada por George Cantor no século 19, influenciou fortemente os fundamentos da Matemática, entre eles a definição de infinito. Em primeiro lugar deve ficar claro o conceito de **conjunto** como uma coleção de objetos, definidos por certa regra. Assim, temos os conjuntos dos números naturais, números inteiros, frações periódicas, etc., ou o conjunto de todos os triângulos. A magnitude de um conjunto é dada pela comparação deste conjunto com um outro que serve como referência. Tomemos dois conjuntos A e B. Dizemos que eles são equivalentes se a cada componente de A corresponde **um único** componente de B e se a cada componente de B corresponde **um único** componente de A. Neste caso, dizemos que a equivalência é *um-a-um*.

A equivalência em conjuntos finitos coincide com a noção de número de componentes. Entretanto, deve-se notar que não é necessário conhecer o número de componentes para saber se dois conjuntos são equivalentes. Por exemplo, o conjunto de todas as cadeiras ocupadas por estudantes numa sala de aula é equivalente ao conjunto de todos os estudantes sentados. A idéia seminal de Cantor foi estender o conceito de conjuntos finitos para conjuntos infinitos, aplicando o conceito de equivalência *um-a-um* aos conjuntos infinitos.

Conjuntos Denumeráveis e o Continuum

Cantor definiu como conjunto **denumerável** aquele equivalente ao conjunto dos números naturais, de modo que cada componente pode ser colocado em correspondência *um-a-um* com os números naturais N, (1, 2, 3, ...). Neste ponto, nossa intuição nos diz que, se contarmos somente os números inteiros pares, eles serão em menor número que todos os números naturais. Esta impressão, porém, é falsa, uma vez que podemos estabelecer correspondência *um-a-um* abaixo:

2	4	6	8	
1	2	3	4	...

ou para potências,

1^2	2^2	3^2	4^2	...
1	2	3	4	...
10^{-1000}	10^{-1001}	10^{-1002}	10^{-1003}	...
1	2	3	4	...

Como vemos, o conjunto de números naturais é equivalente aos conjuntos de números pares, potências, etc. Mais importante, estes conjuntos, embora infinitos, são **subconjuntos** dos números naturais.

Cantor então definiu de maneira notável:

> *"Um **conjunto infinito** é aquele que pode ser colocado em correspondência um-a-um com um subconjunto próprio de sí mesmo."*

Por subconjunto próprio de S queremos dizer um subconjunto S' de S, consistindo de alguns, mas não de todos, os componentes de S. Por exemplo: o conjunto S' dos números pares é um subconjunto do conjunto S dos números inteiros.

A frase acima parece dizer que o todo é igual a uma parte, o que, no domínio do infinito, é pura verdade.

Neste ponto, Cantor colocou uma outra definição fundamental:

> *"Um conjunto S é **denumerável** se pode ser colocado em correspondência um-a-um com N."*

O número que representa o número de componentes em um conjunto denumerável é $\aleph_o$ (letra do alphabeto hebráico que lê-se "alef nau"). Dizemos então que a **cardinalidade** dos números naturais é $\aleph_o$ e representamos a cardinalidade de um conjunto A por $|A|$.

Mas que dizer dos números racionais Q? Será possível colocar em correspondência *um-a-um* os números racionais Q com N?

Cantor provou que sim e demonstrou da seguinte forma:

Teorema da Diagonal

"O conjunto dos números racionais é denumerável, ou seja, tem cardinalidade à o"

Prova

Considere os números racionais ordenados de maneira tal que na 1ª coluna apareçam todas as frações com numerador igual a 1, na 2ª coluna todas as frações com numerador igual a 2, na 3ª coluna todas as frações com numerador igual a 3 e assim por diante. Ao mesmo tempo, na 1° linha todos os denominadores são iguais a 1, na 2° linha todos os denominadores são iguais a 2, na 3ª linha todos os denominadores são iguais a 3 e assim por diante.

Desta forma, e eliminando os valores repetidos como 3/3 = 1 e 2/4 =1/2, etc., **todos** os **números racionais** são listados nesta tabela uma única vez.

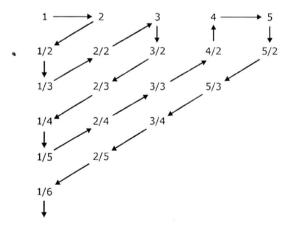

Teorema da Diagonal

Então, podemos colocar os números racionais Q em correspondência *um-a-um* com os números naturais N:

Q	1	2	½	1/3	3	3/2	2/3	¼	...
N	1	2	3	4	5	6	7	8	...

E, portanto, os números racionais (Q) têm cardinalidade $\aleph o$.

Neste ponto poderia parecer que **todos os conjuntos de números** teriam cardinalidade $\aleph o$.

Mais uma vez, os matemáticos foram surpreendidos quando Cantor provou a existência de conjuntos infinitos **não denumeráveis** e, portanto, com cardinalidade diferente de $\aleph o$.

Teorema

*"O intervalo dos números reais entre 0 e 1 **não é** denumerável."*

Prova

Vamos assumir que o intervalo entre 0 e 1 seja denumerável, isto é, todos os seus componentes podem ser colocados em correspondência *um-a-um* com os números naturais N.

Como vimos, todos os números reais podem ser expressos em termos de frações ou decimais infinitos (como estamos tratando com expressões infinitas, podemos considerar que, por exemplo, 2,9999... é igual a 3,0000...)*

Vamos desenvolver a seguinte tabela, onde, a cada número natural *N*, colocamos um correspondente número real *ar* entre 0 e 1.

1	$a1 = 0,51245...$
2	$a2 = 0,36989...$
3	$a3 = 0,68052...$
4	$a4 = 0,23581...$
....	....
....	....
n	$an = 0,a1a2a3a4a5...$

Se isto for realmente uma correspondência *um-a-um* entre os 2 conjuntos, todos os números entre 0 e 1 aparecerão na coluna da direita.

Agora, considere o número $b = 0,b1b2b3b4b5...$, que construiremos da seguinte maneira:

- Escolha b_1 (o primeiro dígito de *b*), com qualquer valor **diferente** do primeiro dígito de a_1 (neste caso, 5), mas diferente de 0 e 9.

- Escolha b_2 (o segundo dígito de *b*), com qualquer valor diferente do segundo dígito de a_2 (neste caso, 6), mas diferente de 0 e 9.

...

- Escolha bn (o enésimo dígito de b), com qualquer valor diferente do enésimo digito e an, mas diferente de 0 e 9.

Por exemplo, poderíamos escolher $b = 0,6592...$

Agora observe:

(i) b é um número real, visto que ele é uma expressão decimal infinita (ele só não pode ser $0,000... = 0$ e $0,999... = 1$), portanto, ele deve aparecer em algum lugar na coluna da direita.

Mas, (ii) b não pode aparecer na seqüência acima, pois ele é diferente de $a1, a2, a3, ... an$, uma vez que difere de cada um deles em pelo menos uma das casas decimais.

Então, enquanto (i) nos diz que b deve aparecer na coluna da direita, (ii) nos diz que isto é impossível.

Isto nos leva a concluir que a nossa hipótese original é falsa e, portanto, por contradição, temos que concluir que a correspondência *um-a-um* é impossível, logo, o conjunto de números reais no intervalo 0 a 1 não é denumerável.

*Porque $0.9999... = 1$?

Seja $x = 0.9999...$

$$10x = 9.9999...$$
$$10x - x = 9.9999... - 0.9999...$$
$$9x = 9$$
$$x = 1.$$

Assim, Cantor nos demonstrou que muitos conjuntos infinitos, em particular o conjunto dos números reais *R* entre 0 e 1, têm **mais** componentes que o conjunto dos números naturais *N* e, portanto, têm cardinalidade diferente de *No*. Ele chamou a cardinalidade dos números reais entre 0 e 1, [0,1], de **continuum** *c*.

Podemos, agora, avançar e ver que o conjunto de todos os números reais tem a mesma cardinalidade *c*. Por exemplo, se plotarmos a equação dada por

$$y = \frac{2x-1}{x-x^2}$$

obtemos o gráfico abaixo, que se estende infinitamente para a esquerda e para a direita e temos a correspondência *um-a-um* entre o intervalo 0 e 1 e **todos** os números reais.

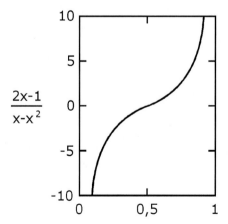

Mas Cantor foi além destas conclusões e apresentou outros resultados extraordinários:

> "A união de dois conjuntos denumeráveis é denumerável."

> "O número de irracionais é muito maior que o número de racionais."

(Na verdade, a quantidade de números racionais é insignificante perto da quantidade de números irracionais.)

> "O conjunto dos números algébricos é denumerável."

> "O conjunto dos números transcendentais não é denumerável, sendo estes números existentes em muito **maior** quantidade que os algébricos."

Note que, na época, poucos eram os números transcendentais conhecidos (como π). E mais, a transcendentalidade de π não tinha sido ainda provada.

Cardinais Transfinitos

Tendo provado que o intervalo de números reais [0,1] tem cardinalidade c, Cantor naturalmente começou a investigar se **outras** cardinalidades transfinitas existiriam. Para tanto, foi primeiramente necessário definir o significado de "maior" e "menor" no mundo dos números transfinitos.

Em principio isto parece simples, pois diríamos que, dados dois conjuntos A e B, a cardinalidade de A ($|A|$) é menor que a de B ($|B|$) se existir uma correspondência *um-a-um* entre todos os elementos de *A* **com uma parte** dos elementos de *B*. Isto é, se os componentes de *A* podem ser colocados *um-a-um* com **um subconjunto** dos componentes de *B*.

Para comparar conjuntos finitos esta regra é óbvia, entretanto, considere, por exemplo, que é possível colocar *um-a-um* todo o conjunto dos números naturais e um pequeno subconjunto dos números racionais *Q'*, por exemplo,

N	1	2	3	4...
Q'	½	1/20	1/200	1/2000...

Isto não nos levaria erroneamente a dizer que $|N| < |Q'|$, pois já sabemos que ambos os conjuntos têm a mesma cardinalidade à*o*.

Isto foi resolvido por Cantor da seguinte forma: primeiro ele apresentou a definição

"Se A e B são dois conjuntos, dizemos que $|A| \leq |B|$ se existir uma correspondência um-a-um entre todos os elementos de A com um subconjunto de B."

Notar que um subconjunto de *B* pode ser o conjunto total de *B* e, neste caso, teremos $|A| = |B|$. Isto é perfeitamente consistente com o exemplo acima, onde $|Q'| \leq |Q|$, uma vez que ambos têm cardinalidade $\aleph o$.

Agora Cantor pode definir a inequalidade entre os cardinais de dois conjuntos

"$|A| < |B|$ se $|A| \leq |B|$, mas somente se **não houver** uma correspondência um-a-um entre A e B."

Na superfície isto parece trivial, mas um pouco de reflexão nos mostra uma sutil propriedade da correspondência *um-a-um*. Pois, para mostrar que $|A| < |B|$, precisamos primeiro achar uma correspondência *um-a-um* entre A e **parte** de B, estabelecendo $|A| \leq |B|$.

Feito isto, temos que mostrar que não pode haver uma correspondência *um-a-um* entre todos os elementos de A e **todos** os elementos de B.

Assim, por exemplo, podemos facilmente conseguir uma correspondência *um-a-um* entre os números naturais N e um subconjunto de c, $[0,1]$ se colocarmos lado a lado os números naturais e os inversos de suas raízes.

Isto nos diz que

$$|N| \leq |[0,1]|$$

Mas, vimos, pelo Teorema da Diagonal, que **não existe** uma correspondência "**um-a um**" entre N e $[0,1]$, isto é

$$|N| \neq |[0,1]|$$

Estes dois fatos nos levam a concluir que

$$|N| < |[0,1]|$$
$$]$$

ou

$$\aleph o < c$$

Desta forma, Cantor formulou um método para comparar os tamanhos de números cardinais infinitos. Como conseqüência imediata desta definição temos que, se A é um subconjunto de B, então $|A|$? $|B|$. Isto é, certamente podemos estabelecer uma correspondência *um-a-um* entre A e um subconjunto de B. Conseqüentemente a cardinalidade de um conjunto é maior ou igual que a cardinalidade de qualquer de seus subconjuntos. A partir disto, Cantor fez a afirmação crucial:

"Se $|A| \leq |B|$ e $|B| \leq |A|$ então $|A| = |B|$"

Esta afirmação é evidente quando consideramos conjuntos finitos mas, quando tratamos com conjuntos infinitos, isto pode não ser claro.

O que se afirma aqui é que se todos os elementos de A podem ser colocados em correspondência *um-a-um* com parte dos elementos de B ($|A| \leq |B|$) e, se existir uma correspondência *um-a-um* entre todos os elementos de B com parte dos elementos de A ($|B| \leq |A|$), então, concluímos que existe uma correspondência *um-a-um* entre A e B ($|A| = |B|$).

A prova desta afirmativa só veio a ocorrer em 1898.

Teorema de Cantor-Schooder-Berstein

"A cardinalidade dos números irracionais $|I|$ é igual à cardinalidade dos números reais, isto é, do continuum c (embora os números irracionais sejam um subconjunto do próprio continuum)."

Já vimos que o conjunto I é não denumerável, isto é, sua cardinalidade excede No. Mas, qual é esta cardinalidade?

Primeiro notamos que I é um subconjunto de R, então $|I| \leq c$.

Por outro lado, considere a regra que associa **cada número real a cada número irracional**, da seguinte maneira:

Ao número real

$$X = M,b1b2b3b4...bn...,$$

associamos um número irracional

$$Y = M,b10b211b3000b41111...$$

construído da seguinte forma: inserimos 0 após o primeiro dígito decimal, 11 após o segundo, 000 após o terceiro, etc. Por exemplo, o número real $X = -3,42678...$ corresponderá a $Y = -3,40211600071111800000...$

Y então terá uma expansão decimal infinita **e que nunca se repete**, o que caracteriza Y como um número irracional.

Portanto, a associação **toma cada número real X e o transforma em um número irracional Y**. Além disto, esta associação é *um-a-um*, visto que, se quisermos voltar de Y para o X original, é só proceder na mesma regra no sentido inverso e obteremos um único valor de X para cada Y.

Esta correspondência *um-a-um* entre **todos** os números reais e **alguns** dos números irracionais implica que $c \leq |I|$. Mas nós já vimos que $|I| \leq c$ e, portanto, concluímos que a cardinalidade de *I* é *c*, a mesma que a cardinalidade dos números reais.

Aritmética dos Infinitos

Vimos que, se adicionarmos um elemento a um conjunto denumerável, vamos obter outro conjunto denumerável de mesma cardinalidade, no caso *No*. Por exemplo, se adicionarmos zero ao conjunto dos números naturais *N*, obtemos

N	1	2	3	4...*n*		com $\aleph o$ elementos
N + zero	0	1	2	3...*n*+1		com $\aleph o$ elementos

Podemos, então, gerar uma aritmética dos infinitos, onde:

$$1 + \aleph o = \aleph oo$$

$$k + \aleph o = \aleph o \ (\ k \text{ inteiro positivo})$$

$$\aleph o + \aleph o = \aleph oo \text{ portanto } 2\aleph o = \aleph o$$

$$\aleph o \ ? \ \aleph o = \aleph o \text{ portanto } (\aleph o)2 = \aleph o$$

multiplicando ambos os lados por *No:*

$$(\aleph o)3 = \aleph o$$

e portanto

$$(\aleph o)n = \aleph o \text{ para } n \text{ um inteiro positivo}$$

Exemplo:

Em uma urna existem infinitas bolinhas. Se tirarmos 1 milhão de bolinhas, quantas bolinhas restam na urna?

Resposta: Infinitas.

Pelo Teorema de Cantor-Schooder-*B*erstein podemos remover todos os números denumeráveis de cardinalidade $\aleph o$ do continuum e ficaremos ainda com os números irracionais que têm cardinalidade *c*. Então:

$$c - \aleph o = c$$

Assim como colocamos em correspondência *um-a-um* os números denumeráveis, podemos colocar em correspondência *um-a-um* os números não denumeráveis. Por exemplo, podemos colocar todos os números do continuum, isto é, do intervalo [0,1], em correspondência com os seus correspondentes dobros no intervalo [0,2], ou com seus triplos em [0,3], etc.

Então, podemos escrever:

$$c + c + c + ... = c$$

$k\ ?\ c = c$ para *k* inteiro positivo

Podemos mesmo colocar em correspondência *um-a-um* os números reais [0,1] com **qualquer** conjunto de números reais em um intervalo finito. Podemos então montar o intervalo de números

...[-3,-2)U[-2,-1] U [-1,0) U [0,1] U (1,2] U (2,3] U...

onde [a,b) significa o intervalo de todos os números a até b incluindo a e excluindo b; e U significa a **união** dos conjuntos, que corresponde a

$$c + c + c + ... = \aleph o \ c,$$

e, portanto,

$$c = \aleph o \ c.$$

Para ver isso graficamente, considere o intervalo [0,1] de cardinalidade c, colocado em correspondência *um-a-um* com todos os números reais. Por exemplo, qualquer ponto Pn neste intervalo reflete no semicírculo de centro A e atinge um ponto Pn' na linha [0,1].

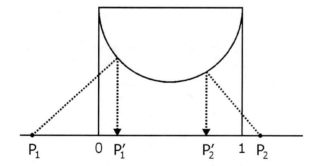

Não somente a cardinalidade da linha [0,1] é c, como a cardinalidade dos pontos internos de um quadrado é c. Isto é

$$c?c = c2 = c.$$

Para mostrar isto, construímos um quadrado com lado igual a *c*.

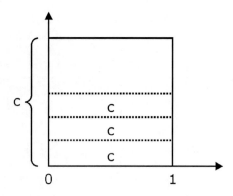

Cada ponto interno do quadrado é definido pelas coordenadas (*x*, *y*), por exemplo (0,23316...;0,737373...) e (0,50000...;0,98571..).

Agora, podemos estabelecer uma correspondência *um-a-um* de cada ponto (*x*, *y*) com **um** ponto da linha real, da seguinte forma:

Para cada par (*x*, *y*), por exemplo, para os pares acima, escreva o número formado pela intercalação dos dígitos dos dois números, no caso (0,2733371367...) e (0,5908050701...).

Assim, o par (*x*, *y*) é colocado em correspondência *um-a-um* com um número real e, portanto, o par de números que compõe todos os pontos do quadrado tem cardinalidade *c*.

Um argumento similar mostra que $c?c?c = c3 = c$ e, em geral, $cn = c$.

O fato de não existirem mais pontos dentro de um quadrado ou de um cubo do que na linha real não deixa de ser um choque para nossa intuição.

Devemos chamar a atenção para o fato de dois conjuntos terem a mesma cardinalidade, que nada tem a ver com a **ordem** dos elementos dos conjuntos. Pontos que estão próximos no segmento [0,1] podem ser colocados *um-a-um* com pontos distantes no quadrado unitário.

Tendo examinado a adição e a multiplicação envolvendo $\aleph o$ e c, nos voltamos agora para verificar se existem "infinitos" maiores que c.

Mostraremos que existem infinitos cardinais maiores que c, usando o conceito de que qualquer conjunto pode ser decomposto em subconjuntos e que o conjunto de todos estes subconjuntos terá cardinalidade maior que a cardinalidade do conjunto original.

Por exemplo, tome o conjunto $\{A, B, C\}$. Podemos formar 8 subconjuntos diferentes

$\{A\}$ $\{B\}$ $\{C\}$ $\{A, B\}$ $\{B, C\}$ $\{A, C\}$ $\{B, C\}$ $\{A, B, C\}$

Se tivermos o conjunto $\{A, B, C, D\}$ poderemos formar 16 subconjuntos e, de maneira geral, se um conjunto tem n elementos, podemos formar $2n$ subconjuntos.

Obviamente $2n > n$.

Podemos chamar $2N$ de "conjunto potência de N" e estender este conceito indefinidamente, para obter $22N$, $222N$,...

Cantor provou que, **seja N finito ou infinito, $2N$ nunca é equivalente N** e que, portanto, o procedimento de formar o conjunto dos subconjuntos gera uma interminável cadeia de conjuntos com cardinalidades diferentes.

Em particular, se N é o conjunto dos números naturais, pode-se provar que $2N$ (o conjunto de todos os subconjuntos de N) é equivalente ao continuum c ou em outras palavras,

$$2^{\aleph_o} = c$$

Concluímos, então, que há pelo menos dois tipos de infinito. O primeiro, o infinito dos números naturais com cardinalidade $\aleph_o$, é denumerável, e o segundo, representado pelos pontos no segmento de reta [0,1] designado por c, de continuum não-denumerável.

Como vimos, não somente a cardinalidade dos pontos na linha é c, como também a cardinalidade dos pontos internos a um quadrado e dos pontos internos em um cubo.

A Hipótese do Continuum

Neste ponto, poderíamos perguntar se existe algum conjunto com cardinalidade **entre** $\aleph_o$ e c.

Aí, Cantor só pode conjecturar que não, pois ele foi incapaz de encontrar tal conjunto. A conjectura de que c é o menor número cardinal infinito maior que No ficou conhecida como a **Hipótese do Continuum**.

Hoje se sabe que a conjectura não é verdadeira nem falsa, mas indecidível. O que exatamente isto quer dizer está relacionado à idéia básica do método axiomático.

Por exemplo, a teoria dos conjuntos assume uma noção genérica de "conjunto" e descreve como manipular os conjuntos. Para que se possa discutir a Hipótese do Continuum sob um contexto rigoroso, é necessário especificar um sistema de axiomas para a teoria dos conjuntos. Em 1964, Paul Cohen provou que a verdade sobre a Hipótese do Continuum depende de quais axiomas adotamos para a teoria dos conjuntos. Antes disso, Kurt Godel mostrou que a Hipótese do Continuum é verdadeira em alguns sistemas axiomáticos da teoria dos conjuntos. A situação é similar ao que acontece com a Geometria, pois "verdades" da geometria euclidiana podem significar falsidades em geometrias não euclideanas. Do mesmo modo, na teoria Cantoriana dos conjuntos, a Hipótese do Continuum é verdadeira, mas nas teorias não Cantorianas ela é falsa. Em conclusão, não há como escolher uma teoria "natural" dos conjuntos.

A Cardinalidade de C

Feito o parênteses e como estamos tratando com grandezas infinitas, agora faz sentido perguntar:

Qual a cardinalidade de *C*?

Primeiro, note que os pontos extremos são denumeráveis de cardinalidade $\aleph o$, pois podemos associar a cada ponto extremo um número natural.

Mas, como vimos, existem muitos outros pontos em C que não são extremos.

O fato é que os pontos de C são o conjunto dos pontos extremos **mais** o conjunto dos pontos que não são extremos.

O Conjunto de Cantor é uma poeira destes dois tipos de pontos alinhados.

Como podemos mostrar que o Conjunto de Cantor **não é denumerável**?

Podemos transformar esta pergunta em "quantos números podemos formar com os conjuntos de E's e D's?"

Naturalmente, podemos associar conjuntos de números com E's e D's a quaisquer números binários compostos de 0's e 1's, usando a representação binária.

Portanto, para cada número do intervalo [0, 1] existe um número diferente correspondente em C. Portanto, a cardinalidade de **C** deve ser, no mínimo, a cardinalidade c do continuum. Por outro lado, **C** é um subconjunto do continuum.

Pelo Teorema de Cantor-Schooder-Berstein, podemos remover todos os números denumeráveis de cardinalidade **No** do continuum e ficaremos ainda com os números irracionais que têm cardinalidade c. Então, a cardinalidade de **C** é igual à cardinalidade c do continuum e, portanto, C é não denumerável.

Como podemos concluir que C é um fractal?

Olhe bem de perto o intervalo $0 \le x \le 1/3$ que restou após o 1º estágio. Se examinarmos esta porção de C com um microscópio e o ampliarmos com um fator de 3 vezes, o que veremos será uma réplica exata de C.

A esta figura auto-semelhante denominamos Fractal.

A Curva de Koch

O segundo fractal que apresentamos é a Curva de Koch, construída da seguinte forma:

(i) desenhe um segmento de reta;

(ii) divida-o três partes iguais e retire a parte do meio;

(iii) construa na parte central retirada um triângulo equilátero e retire sua base,

(iv) repita o processo nos 4 segmentos restantes,

(v) repita o processo indefinidamente.

Uma versão das Curva de Koch é o **floco de neve**, onde, no lugar de começarmos com um segmento de reta, usamos um triângulo equilátero.

Embora esta curva não seja idêntica a um floco de neve, porque, entre outras coisas, ela é perfeitamente simétrica, podemos considerá-la como um floco de neve "ideal".

Uma das motivações de Koch para desenvolver sua curva foi mostrar uma curva que não é diferenciável, isto é, uma curva que não tem tangentes em nenhum de seus pontos.

Esta descoberta, já feita anteriormente por Weierstrass, causou uma crise no Cálculo que, há 200 anos, se centrava na idéia de diferencial inventada por Newton e Leibnitz, pois mostrou que uma curva, embora contínua, **não é diferenciável** em qualquer de seus pontos.

A Cesta de Sierpinski

Nosso terceiro fractal também apresenta características notáveis.

Iniciando com um triângulo eqüilátero no plano, aplique o seguinte esquema repetitivo de operações:

(i) marque os pontos médios dos três lados;

(ii) em conjunto com os vértices do triângulo inicial, estes pontos definem quatro novos triângulos iguais, dos quais eliminamos o triângulo central.

Então, após o 1º passo, temos três triângulos iguais com lados iguais à metade do lado do triângulo inicial; após o 2º passo temos nove triângulos iguais com lados de 1/4 do triângulo original e assim indefinidamente.

Como nos fractais anteriores, a cada nova interação, obtemos figuras indistinguíveis das anteriores numa escala menor, o que caracteriza uma auto-semelhança.

Mas existe uma maneira surpreendente de construir a Cesta de Sierpinski. Ela se chama **"O Jogo do Caos"**.

(i) numa folha de papel construa um triângulo equilátero ABC e marque um ponto inicial $P0$.

(ii) jogando um dado convencione: se der 1 ou 2 selecione o ponto A; se der 3 ou 4 selecione o ponto B e, se der 5 ou 6, selecione o ponto C. Jogue o dado e suponha que deu 5, que corresponde a C.

(iii) ligue $P0$ com C e marque $P1$ na metade da distância $P0C$

(iv) jogue o dado, suponha que deu 3, que equivale a B; ligue $P1$ com B e marque $P2$ na metade de $P1A$

(v) repita este procedimento diversas vezes, sempre marcando os pontos Pi

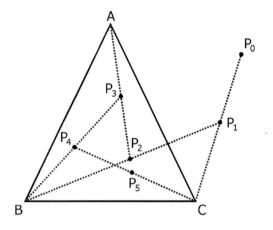

Até, digamos, os primeiros 30 pontos plotados, nada de muito interessante acontece. O que se percebe é que, obviamente, a partir de um momento, os pontos Pi caem dentro do triângulo ABC.

Mas, depois de, digamos, 75 jogadas, a Cesta de Sierpinski começa a tomar forma.

Produzimos, então, uma estrutura extremamente ordenada gerada por um método totalmente aleatório!

Isto não é coincidência nem milagre e é exatamente o que quisemos dizer quando definimos a Geometria Fractal como uma estrutura que põe ordem no caos.

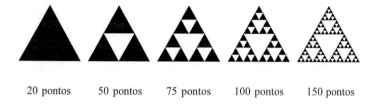

20 pontos   50 pontos   75 pontos   100 pontos   150 pontos

Considere agora, no lugar do triângulo ABC, um quadrado $ACGT$ e aplicando as mesmas regras, só que com um dado de quatro faces, jogamos "O Jogo do Caos". Infelizmente, neste caso, nada de tão visualmente radical é obtido, mas são gerados pontos com alguma ordenação, como a seguir.

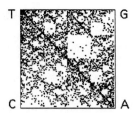

O que isto tem de especial?

Ocorre que a molécula de DNA que armazena as informações biológicas é composta de quatro blocos *A, C, G, T* e supõe-se que toda informação biológica dos seres vivos está codificada na seqüência das letras *A, C, G, T*, portanto, algum padrão nesta estrutura poderá corresponder a características biológicas específicas.

A Samambaia de Barnsley

A figura abaixo não é uma folha de samambaia, mas um fractal inventado por Barnsley, construído nos mesmos moldes dos exemplos anteriores.

Se o leitor observar os ramos que se originam do caule, verificará que são réplicas reduzidas da samambaia grande. Os ramos da direita e da esquerda têm no caule uma espécie de eixo e vão reduzindo de tamanho no sentido vertical do caule. Mais uma vez, a figura foi construída como a repetição de algumas poucas regras de transformações.

Como plotar figuras como esta será visto mais adiante. Por ora, é importante salientar que figuras como o floco de neve e a samambaia **naturais** não são evidentemente cópias reduzidas **exatas** de sí mesmas. O que existe nas figuras da natureza é uma auto-semelhança aproximada em diferentes escalas. Essa auto-semelhança aproximada é chamada de **auto-semelhança estatística**, porque, em diferentes escalas, essa auto-semelhança existe em **média**.

Nos **fractais matemáticos,** as partes são cópias exatas do todo, mas nos **fractais naturais** as partes são apenas reminiscências do todo.

A característica central dos fractais é sua **invariância** sob mudança de escala. Isto pode ser visto no exemplo inicial da couve-flor, olhando as nuvens do céu ou observando o oceano de um avião.

Oceano ou poça d'água?   A que distância estão as nuvens?   Desfiladeiro ou pedra?

Em nenhuma das figuras é possível identificar o tamanho real do objeto se não houver um outro objeto de tamanho conhecido como referência.

Capítulo 2

Semelhança na Natureza

Como são determinadas as dimensões e as formas dos objetos naturais?

Considere uma foto ampliada três vezes. A área da foto ampliada é 3 x 3 = 9 vezes a área da foto original. Ou seja, ao aplicarmos um fator de escala s a um objeto com área A, o objeto resultante terá uma área $s \times s = s2$ vezes a área do objeto original. Em outras palavras, ao aplicarmos um fator de escala $s > 1$ a um objeto, a área aumentará $s2$ vezes.

Se agora tomarmos um cubo de lado unitário e o aumentarmos com um fator de escala 3, as áreas das faces do novo cubo passarão de 1 para 32 = 9 unidades. Portanto, a área total da superfície do cubo aumenta 9 vezes. Já o volume total do novo cubo será 3 x 3 x 3 = 27 vezes maior que o volume do cubo original. De maneira geral, o volume de um objeto cresce com o cubo do fator de escala.

Em 1638, Galileu sugeriu que a altura máxima de uma árvore seria por volta de 100 metros.

E, de fato, as maiores árvores que existem são as sequóias gigantes, cuja altura chega a 120 m, o que, de certa forma, confirma a conjectura de Galileu.

Como Galileu chegou a esta notável conclusão?

O peso de uma árvore é proporcional a seu volume. Se aplicarmos um fator de escala $s = 3$, estaremos aumentando o peso em $s3 = 27$ vezes. Ao mesmo tempo, a seção transversal do tronco aumenta somente $s2 = 9$ vezes. Isto significa que, à medida que s cresce, o peso da árvore vai ficando muito grande em relação à seção que deve suportar este peso, até que isto não seja mais possível.

Este mesmo fenômeno explica porque montanhas não tem mais de 15 km de altura.

Quanto à geometria das formas naturais, no início deste capítulo dissemos que muitos objetos da natureza têm Geometria Fractal. Entretanto, a maioria dos seres vivos crescem sob diferentes leis. Por exemplo, um adulto não é um bebê aumentado por um fator de escala.

Capítulo 3

Transformações Auto-Semelhantes

Podemos construir um objeto auto-semelhante usando uma régua com escala de 0 a 100 cm. Se dividirmos essa régua em 10 partes de 10 cm, cada uma destas partes será **auto-semelhante** à régua inicial, neste caso com fator de redução de 10. Podemos continuar dividindo indefinidamente cada parte em 10 partes iguais.

Objetos auto-semelhantes possuem a mesma forma, independentemente de seu tamanho. Isto significa que, no plano, ângulos correspondentes devem ser iguais e os segmentos de reta devem ter todos o mesmo fator de redução (ou ampliação).

Um exemplo de transformação auto-semelhante é a ampliação de uma foto. Todos os pontos da foto são ampliados na mesma escala, ou seja, têm o mesmo **fator de escala**.

Além do fator de escala, as transformações auto-semelhantes são a **rotação** e a **translação**.

Considere um objeto M no plano.

A aplicação de um fator de escala s a um objeto reduz ou amplia o perímetro de um fator s e a área de um fator $s2$.

Ou seja, os pontos $P(x, y)$ são transformados para pontos $P'(x', y')$, tais que

$$x' = sx$$
$$y' = sy$$

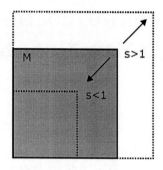

(i) Se $0 < s <1$, M será reduzido, se $s > 1$, M será ampliado;

(ii) Se a M aplicarmos uma rotação de um ângulo ??(sentido positivo é o anti-horário), obtemos, para cada ponto $P(x, y)$ de M um ponto $P'(x', y')$, tal que:

$$x' = x \cos(\theta) - y \operatorname{sen}(\theta)$$
$$y' = x \operatorname{sen}(\theta) + y \cos(\theta)$$

CAPÍTULO 3 – TRANSFORMAÇÕES AUTO-SEMELHANTES | 43

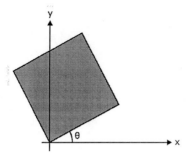

(iii) Finalmente, se aplicarmos uma translação (tx e ty), obtemos, para cada ponto $P'(x', y')$, um ponto $P''(x'', y'')$, tal que:

$$x'' = x' + tx$$

$$y'' = y' + ty$$

Podemos, então, escrever

$$x'' = sx \cos(\theta) - sy \operatorname{sen}(\theta) + tx$$
$$y'' = sx \operatorname{sen}(\theta) + sy \cos(\theta) + ty$$

Capítulo 4

Auto-Semelhança e Afinidades

O termo auto-semelhança é, intuitivamente, bastante claro e auto-explicativo. Entretanto, não é tão fácil dar uma definição matematicamente precisa de auto-semelhança.

Por exemplo, em um objeto auto-semelhante como a couve-flor, a auto-semelhança se dá até um certo grau de redução no fator de escala. Além disso, a couve-flor pode se decompor em sua estrutura molecular, composta de átomos e partículas elementares, que, obviamente, não são auto-semelhantes ao todo.

Também, como já dissemos, em um fractal natural há uma auto-semelhança estatística e não matemática.

Na Geometria Fractal, além da noção de auto-semelhança, trabalhamos com a noção de **afinidade** ou de transformação afim.

Para exemplificar esta idéia, tomemos um fractal matemático como a Curva de Koch.

Claramente, existe uma auto-semelhança nesta curva. Se tomarmos, por exemplo, o ramo esquerdo desta curva e o aumentarmos com um fator de escala de 3, surge uma nova curva idêntica à curva inicial. Portanto, a Curva de Koch é auto-semelhante na mais precisa expressão do termo.

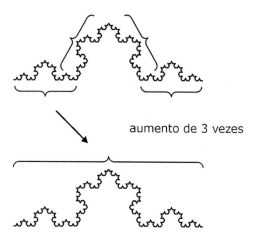

aumento de 3 vezes

Na Cesta de Sierpinski, de forma análoga à Curva de Koch, encontramos cópias reduzidas do todo, próximas a **todos** os pontos da cesta.

Capítulo 4 – Auto-Semelhança e Afinidades | 47

Então, é fácil criar um fractal matemático quando conhecemos as regras para sua construção.

Agora, vamos considerar o caso de criar um fractal natural.

Existe um algoritmo que gera um conjunto de transformações que pode ser usado para construir um fractal natural, a partir, por exemplo, da foto deste objeto? É possível criar árvores, montanhas, conchas, etc., com alto grau de realismo, através da aplicação de transformações matemáticas?

O leitor poderá questionar se esta pergunta faz sentido, pois, se temos a foto porque queremos reproduzi-la como um fractal? A resposta é simples. Porque, no caso de gerar a imagem através de um algoritmo, isto é, via transformações matemáticas, não é necessário armazenar a imagem na memória de um computador. Isto faz uma enorme diferença em termos de custos, pois economiza a parte mais cara do computador. Imagine se, no lugar de armazenar imagens que consomem megabytes de memória, fosse possível usar somente alguns poucos kilobytes da fórmulas matemáticas para gerar as imagens.

A resposta para a pergunta acima é afirmativa e deriva de um teorema inventado por Barnsley, chamada **Teorema da Colagem.**

Não vamos provar o teorema, mas apenas explicar a idéia.

> "*Começando com qualquer figura, não necessariamente um fractal matemático, e usando somente cópias reduzidas do original, sob as quais aplicamos transformações como, por exemplo, reduções, translações, rotações, etc., podemos reproduzir a figura original como uma colagem destas pequenas cópias.*"

48 | GEOMETRIA FRACTAL

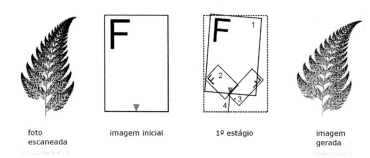

foto escaneada   imagem inicial   1º estágio   imagem gerada

Por exemplo, a figura da esquerda é uma folha de samambaia escaneada.

Para construir esta folha na imagem inicial, Barnsley partiu de um retângulo (a letra F é apenas para indicar o posicionamento) e, com apenas 4 transformações, foi possível gerar a samambaia da direita. As transformações 1 e 2 são contrações e rotações seguidas de translações, a transformação 3 é uma contração envolvendo uma reflexão e uma translação, e a transformação 4 transforma o retângulo em um segmento de reta para representar o caule.

Os parâmetros das 4 transformações são apresentados na próxima seção.

A imagem da direita é efetivamente muito parecida com a imagem da foto escaneada, e foi construída usando os mesmos princípios para a construção do Conjunto de Cantor, da Curva de Koch e da Cesta de Sierpinski.

Então, não somente monstros matemáticos podem ser construídos usando a Geometria Fractal, mas estruturas muito próximas às formas naturais (fractais naturais).

Para gerar essas figuras, usamos um conjunto de transformações denominadas **transformações afins** .

Transformações Afins

As transformações permissíveis na Geometria Fractal são chamadas de **transformações afins**. Estas são as transformações lineares, que compreendem, entre outras, as de auto-semelhança. Uma transformação afim sempre transforma uma linha reta em outra linha reta, assim como preserva a colinearidade, isto é, todos os pontos pertencentes inicialmente a uma linha, permanecerão na linha após a transformação.

São elas:

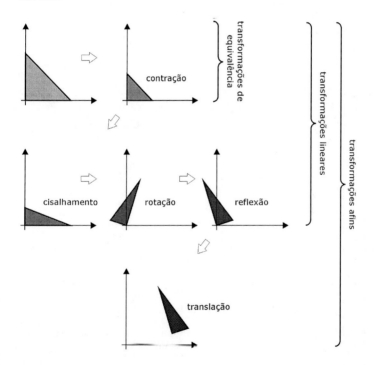

Em uma transformação linear no plano podemos somar os pontos ou multiplicá-los por números reais. Por exemplo, se $P1$ $(x1, y1)$ e $P2$ $(x2, y2)$, então

$$P1\ (x1, y1) + P2\ (x2, y2) = Q\ (x1+ x2, y1 + y2)$$

ou

$$sP = Q\ (sx, sy)$$

Onde Q é um novo ponto no plano e s é o fator de escala.

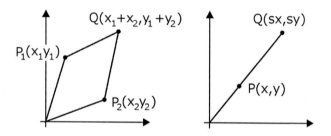

Os pontos Q (x', y') de uma transformação linear são obtidos através dos pontos $P(x,y)$

$$x' = ax + by$$

$$y' = cx + dy$$

Ou seja, uma transformação linear é determinada por 4 coeficientes reais, *a, b, c, d*.

Por exemplo, se no quadrado abaixo aplicamos uma transformação linear usando $a = 1$, $b = 1$, $c = 1$ e $d = 2$.

Capítulo 4 – Auto-Semelhança e Afinidades

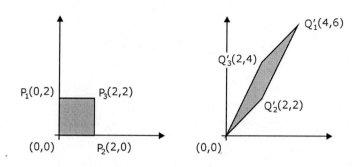

Obtemos para $P1(0, 2)$

$$x1' = 1x + 1y = 0 + 2 = 2$$

$$y1' = 1x + 2y = 0 + 2.2 = 4$$

então

$$Q'1(x1', y1') = Q'1\ (2, 4)$$

Obtemos para $P2(2, 0)$

$$x2' = 1x + 1y = 2 + 0 = 2$$

$$y2' = 1x + 2y = 2 + 2.0 = 2$$

então

$$Q'2(x2', y2') = Q'2\ (2, 2)$$

Obtemos para $P3(2, 2)$

$$x3' = 1x + 1y = 2 + 2 = 4$$

$$y3' = 1x + 2y = 2 + 2.2 = 6$$

então

$$Q'3(x3', y3') = Q'3 (4, 6)$$

E, claramente, a origem (0,0) permanece em (0,0).

Uma transformação afim é uma transformação linear seguida de uma translação.

Portanto, em uma **transformação afim,** acrescentamos mais dois parâmetros e, f que representam a **translação**.

$$x' = ax + by + e$$

$$y' = cx + dy + f$$

Por exemplo, uma **transformação afim** aplicada ao quadrado acima, onde $e = 2$ e $f = 3$, nos levará a

$$x''1 = x'1 + 2 = 2 + 2 = 4$$

$$y''1 = y'1 + 3 = 4 + 3 = 4$$

$$x''2 = x'2 + 2 = 2 + 2 = 4$$

$$y''2 = y'2 + 3 = 2 + 3 = 5$$

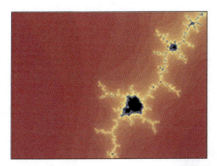

Página 88

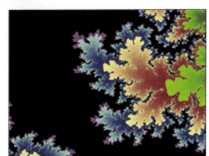

Página 89

Página 89

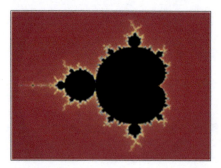

Página 87

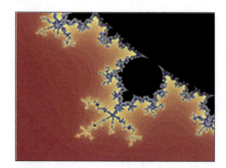

Página 88

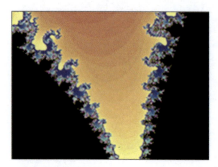

Página 88

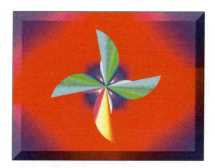

Página 93

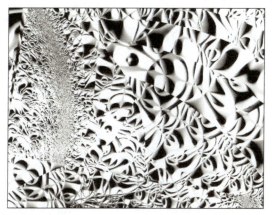

Página 93

Página 89

Página 92

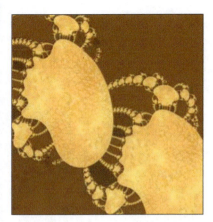

Página 94

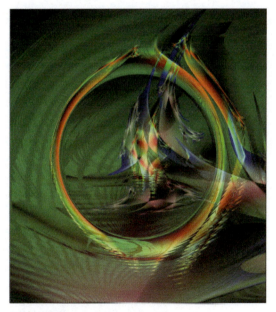

Página 95

Página 93

Página 94

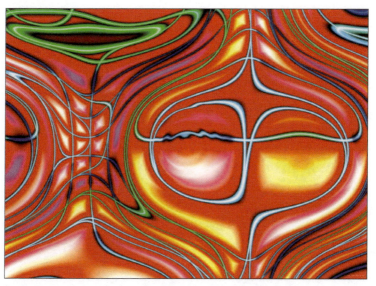

Página 96

Página 95

Capítulo 4 – Auto-Semelhança e Afinidades

$$x"3 = x'3 + 2 = 4 + 2 = 6$$

$$y"3 = y'3 + 3 = 6 + 3 = 9$$

e a origem (0,0) passa para (2,3)

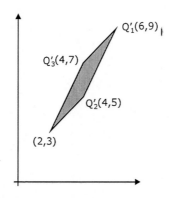

Quais são os pontos deixados invariantes nas transformações afins ?
Estes serão os pontos onde

$$Q(x', y') = P(x, y)$$

Ou seja

$$x = ax + by + e$$
$$y = cx + dy + f$$

resultando

$$x = \frac{-e(d-1) + bf}{(a-1)(d-1) - bc}$$

$$y = \frac{-f(a-1) + ce}{(a-1)(d-1) - bc}$$

Capítulo 5

A Função Interativa (FI)

Para aplicar transformações afins a uma figura, usamos um processo interativo de **colagem,** como mencionamos acima, para a Samambaia de Barnsley.

Para facilitar o raciocínio vamos imaginar uma máquina copiadora que permite os seguintes ajustes:

(i) número de lentes

(ii) fator de redução individual para cada lente

(iii) disposição geométrica das lentes

A idéia básica é que a copiadora trabalhe em um sistema de realimentação, isto é, cada nova imagem que entra é a última cópia que saiu. Por exemplo, se colocarmos uma folha de papel com um círculo desenhado, usando somente uma lente, e ajustarmos o fator de redução para 0,5, depois de n cópias obteremos um ponto.

Agora, usando as 3 lentes podemos obter resultados mais interessantes.

Suponha que o fator de escala é 0,5, e que os centros das lentes estejam dispostos em um triângulo equilátero.

Independente da figura inicial, obtemos uma Cesta de Sierpinsk. Isto se deve, é claro, à propriedade de auto-semelhança da Cesta de Sierpinski.

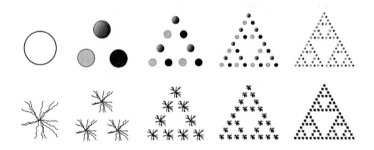

Agora, suponha que a imagem inicial já seja um Cesta de Sierpinski. O que acontecerá com as cópias reduzidas?

Bem, neste caso, a imagem não se altera de maneira visível, pois talvez já tenhamos atingido a resolução máxima, isto é, o número de pixels por cm2 de nossa copiadora. A esta imagem chamamos de **Atratora** e dizemos que ela é invariante.

Capítulo 5 – A Função Interativa (FI)

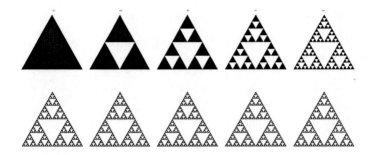

Imagem Atratora

Para construir estas imagens interativamente na copiadora usamos uma **Função Interativa**.

Um importante teorema da Geometria Fractal é:

"Qualquer copiadora, operando como uma Função Interativa tem uma única imagem atratora."

Quais são as transformações que podemos usar nas lentes da copiadora?

Certamente podemos fazer contrações, isto é, tornar os pontos da figura cada vez mais próximos. Podemos, também, aplicar fatores de escala diferentes para cada lente. E também não estamos limitados ao número de lentes que podemos usar.

Imaginamos, então, que podemos realizar na copiadora as **Transformações Afins**.

A Geração de Fractais com a FI

Como vimos no exemplo da samambaia, para iniciar o processo de interação da Função Interativa selecionamos uma imagem inicial.

As lentes da copiadora são descritas matematicamente por transformações afins, $F1, F2, F3... Fn$. Então, para uma imagem inicial I, faremos cópias afins $F1(I), F2(I), F3(I)... FN(I)$, que são posicionadas pela própria transformação.

Após a 1ª interação, obtemos uma imagem $F(I)$ que é a união das cópias,

$$F(I) = F1(I) \cup F2(I) \cup F3(I) \cup ... \cup FN(I)$$

Então, a aplicação repetitiva da Função Interativa irá gerar cópias da imagem anterior que são contraídas, modificadas e posicionadas pelo algoritmo de transformação F.

Comecemos com a geração do Conjunto de Cantor com a FI. Já sabemos que a cardinalidade de **C** é a do continuum *c*. Mas onde estão estes pontos?

Consideremos o sistema de números na base 3. Isto significa que somente usamos os algarismos 0, 1 e 2. Por exemplo, tomando o número 19 (base 10),

$$19 = 18 + 1 = 2.32 + 0.31 + 1.30$$

Na base 3, este número é

CAPÍTULO 5 – A FUNÇÃO INTERATIVA (FI) | 59

Na base 3, usamos a seguinte expansão para calcular os números no intervalo unitário

$$x = a_0 3^{-1} + a_1 3^{-2} + a_2 3^{-3} + \ldots$$

Onde $a_1, a_2, a_3, \ldots$ são números do conjunto $\{0,1,2\}$

Por exemplo,

0,85185 decimal = $2.(1/3^1) + 1.(1/3^2) + 2.(1/3^3) + 0.(1/3^4) + 1.(1/3^5)$

Que, na base 3, é

21201

Agora note, por exemplo, no sistema decimal escrevemos 2/10 = 0,19999… ou 0,2 = 0,2000… Esta ambigüidade também existe na base 3. Portanto, na base 3 escrevemos o decimal 2/3 como 0,1222… ou 0,2000… Então, na base 3

0,1222… = 0,2000…

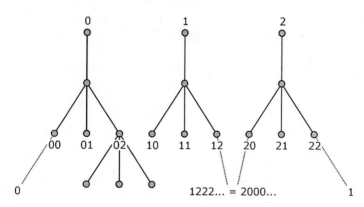

Sistema numérico na base 2

Agora, podemos dar uma definição precisa para o Conjunto de Cantor **C**.

*"O Conjunto de Cantor **C** é o conjunto de pontos no intervalo unitário para o qual a expansão na base 3 não contém o dígito 1."*

Então, por exemplo, 0,2 ou 0,02 estão em **C**, mas 0,121 não está. Portanto, podemos distinguir dois tipos de números em **C**:

1) Aqueles que terminam com infinitos 0's ou 2's que são os pontos extremos dos intervalos, como 02020000000...

2) Aqueles que não são do tipo 1. Por exemplo: 0,02 0022 000222 0000... ou 0.20202020....

Daí podemos concluir que qualquer ponto em **C** está tão próximo quanto desejarmos de outro ponto em **C**!

Agora, vamos nos voltar para a samambaia de Barnsley.

Já mostramos como Barnsley produziu a imagem da samambaia com um sistema de apenas quatro lentes. Para cada lente existe uma FI definida por,

$$x' = ax + by + e$$

$$y' = cx + dy + f$$

Capítulo 5 – A Função Interativa (FI)

Os parâmetros que Barnsley determinou para as quatro Transformações Afins são:

A	b	c	d	e	f
0,849	-0,037	-0,037	0,849	0,075	0,183
0,197	-0,226	0,226	0,197	0,400	0,049
-0,150	0,283	0,260	0,237	0,575	-0,084
0,000	0,000	0,000	0,160	0,500	0,000

O leitor poderá perguntar como Barnsley descobriu que estas quatro transformações geram a samambaia. Ou porque não foram 3 ou 10 ou 100 transformações? Bem, este é um segredo que Barnsley não revelou. A Função Interativa para produzir fractais naturais pode ser sucinta, mas não é trivial. Imagens complicadas podem necessitar mais de uma função para descrevê-las.

Aparentemente, Barnsley descobriu um algoritmo eficiente para determinar os parâmetros. Ele até criou uma empresa para desenvolver imagens usando este algoritmo como resultado do grande interesse da Indústria de Comunicações e Computação, gerado pela possibilidade da tremenda compressão de dados obtida com a Função Interativa .

Mas, **conhecendo os parâmetros**, gerar um programa de computador para construir figuras fractais é simples e divertido. O leitor poderá, por exemplo, fazer algumas experiências alterando os parâmetros das transformações e observar que pequenas mudanças nos parâmetros geram grandes distorções na imagem atratora. Também é preciso tomar cuidado para que as transformações sejam sempre contrações, pois, de outra forma, os pontos escaparão do papel para o infinito.

Capítulo 6

Dimensões Fractais

Por que curvas como a Curva de Koch eram considerados monstros matemáticos? Uma das razões é que, ao contrário do que estamos acostumados, elas nunca são realmente retas ou curvas e não têm tangentes.

Por exemplo, o Conjunto de Cantor é um conjunto de pontos discreto, embora estes pontos estejam mais e mais próximos à medida que reduzimos a escala. Devido à sua geometria, não é possível escrever equações simples para os fractais. O que descreve um fractal é, como vimos, sua Função Interativa.

Se, infelizmente, não podemos escrever equações simples para os fractais, como fazemos para as curvas suaves da Geometria Euclidiana, pelo menos podemos associar aos fractais uma dimensão.

Primeiro, vamos recordar o conceito de dimensão, definido para os objetos euclidianos.

Um ponto tem dimensão zero; uma reta tem dimensão 1, um quadrado tem dimensão 2, e um cubo tem dimensão 3.

Para entender porque uma linha tem dimensão 1 ou um quadrado tem dimensão 2, recorremos ao conceito de massa. Considere um "fio" de comprimento l e "massa" m unitários, cujo diâmetro é desprezível. Cortando o fio pela metade, obtemos dois pedaços de comprimento ½ e "massa" ½ . Cortando de novo ao meio, obtemos 4 pedaços de "massa" ¼ e comprimento ¼ , etc. Ou seja, a "massa" e o comprimento do fio são "iguais". Isto é, na dimensão $d = 1$,

$$m = l1$$

Se aplicarmos um raciocínio equivalente a um quadrado de lado unitário e massa unitária, resultam 4 quadrados de lado ½ e "massa" ¼ e depois 16 quadrados de lado ¼ e "massa" 1/16, etc., ou seja, na dimensão $d = 2$

$$m = l2$$

Repetindo o raciocínio acima para o cubo de lado e massa unitários, obtemos, para $d = 3$

$$m = l3$$

Vamos nos voltar agora para a Cesta de Sierpinski com lado e massa unitários. Consideramos a figura no plano formada por fios dispostos nos triângulos da Cesta de Sierpinsky.

CAPÍTULO 6 – DIMENSÕES FRACTAIS | 65

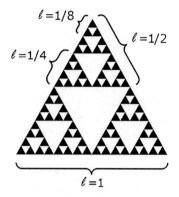

Na Cesta de Sierpinski existem 3 cópias idênticas de lado ½ e "massa" 1/3, 9 cópias idênticas de lado ¼ e "massa" 1/9, 27 cópias idênticas de lado 1/8 e "massa" 1/27, etc.

Então, à cada redução de ½ no comprimento do lado, corresponde uma redução da "massa" em 1/3, ou seja, as relações "massa"/comprimento são:

$$(1/3) = (1/2)d$$

$$(1/3^2) = (1/2^2)d$$

$$(1/3^3) = (1/2^3)d$$

e em geral,

$$(1/3^n) = (1/2^n)d$$

então

$$\log(1/3)n = d \log(1/2)n$$

$d = (\log 1n - \log 3n)/(\log 1n \quad \log 2n) = (-n \log 3)/(-n \log 2) = 1,58496$

Portanto, a dimensão da Cesta de Sierpinski é 1,58496.

Linhas retas, quadrados, cubos e a Cesta de Sierpinski podem todas ser pensadas como cópias reduzidas de sí próprias. Neste sentido, não só a Cesta de Sierpinski pode ser vista como um objeto fractal, mas também os outros citados, pois uma linha reta pode ser dividida em duas linhas idênticas, um quadrado pode ser visto como 4 quadrados de 1/2 de lado idênticos e um cubo como 8 oito cubos com lados reduzidos à metade.

A dimensão d de um objeto constituído de N objetos idênticos não distorcidos, reduzidos de um fator de escala s, é, então, dada por

$$d = log\ (N)/log\ (1/s) \qquad (1)$$

Para uma linha, temos

$$d = \log\ (2)/\log\ (1/(1/2)) = 1$$

Para um quadrado

$$d = \log\ (4)/\log\ (1/(1/2)) = 2$$

Para um cubo

$$d = \log\ (8)/\log\ (1/(1/2)) = 3$$

A dimensão do Conjunto de Cantor é

$$D = log\ (2)/\ log\ (3) = 0{,}63092...$$

pois ele é composto de 2 cópias idênticas, cada uma reduzida de 1/3.

A dimensão da Curva de Koch é

$$D = log\ (4)/\ log\ (3) = 1{,}26185...$$

pois ela é composta de 4 cópias idênticas, cada uma reduzida em 1/3.

Mas, qual é o significado geométrico que podemos dar à dimensão entre 1 e 2?

A dimensão é relacionada à forma com que medimos um objeto. Assim, uma linha só pode ser medida em uma dimensão, um quadrado em duas e um cubo em três.

Suponha que, por engano, alguém nos peça para medir o "comprimento" de um quadrado. Bem, uma das formas de tentar isto é cobrir o quadrado com linhas horizontais e verticais e depois somar o comprimento de todas as linhas. Como uma linha não tem espessura, o comprimento final será infinito.

Agora, se quisermos medir o "volume" de um quadrado, veremos que, ao tentar inserir um quadrado em um cubo, o espaço que ele ocupa é zero, não importa quantos quadrados inserimos, porque eles não tem espessura. Ou seja, o "volume" do quadrado é zero.

O que queremos dizer é que o quadrado tem uma área, mas seu "comprimento" tende para o infinito e seu "volume" tende para zero. Segue que, para qualquer objeto geométrico, a medição usando uma dimensão abaixo será infinita e usando uma dimensão acima será zero.

Voltando à Cesta de Sierpinski, qual é o seu perímetro?

Na figura inicial A temos 3 lados de comprimento unitário. Na figura B temos 9 lados de comprimento ½, etc.

Perímetros

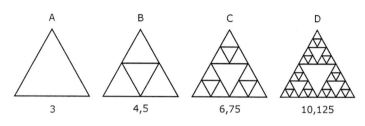

Figura	Perímetro
A	3
B	3 + ½ + ½ + ½ = 4,5
C	4,5 + 9(1/4) = 6,75
D	6,75 + 27(1/8) = 10,125

Resulta que, a cada nova interação, existem três vezes mais triângulos cujos lados são a metade dos lados dos triângulos anteriores. Ou seja, o comprimento aumenta 3/2 a cada interação e, portanto, tende para o infinito.

E quanto à área da Cesta de Sierpinski?

Se cobrirmos a área da Cesta de Sierspinki com um quadrado de lado unitário e formos cercando os novos triângulos à soma das áreas do quadrado a cada interação, resulta

Áreas

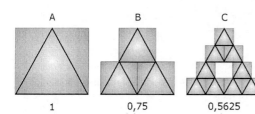

Figura	Área
A	1
B	$3(1/2)2 = 0,75$
C	$9(1/4)2 = 0,5825$
D	$27(1/8)2 = 0,421875$

Então, a cada nova interação, os lados dos quadrados reduzem para a metade, e o número de quadrados cresce três vezes, portanto, a área total decresce de ¾, até atingir zero.

Sendo assim, a Cesta de Sierpinski é um objeto com comprimento infinito e área zero, o que implica em sua dimensão ser maior que 1 e menor que 2.

Dimensões de Objetos Naturais

Como determinar a dimensão de um floco de neve natural, ou da costa territorial brasileira ou do sistema circulatório humano?

Diferente dos fractais matemáticos, os fractais naturais não são auto-semelhantes. Eles são **auto-afins**, ou seja, são cópias reduzidas **distorcidas** de sí próprios.

Dizemos, então, que, **em média** ou estatisticamente, estes objetos exibem um caráter de auto-semelhança. Por isso, as dimensões dos fractais naturais são medidas como valores médios.

Para ver como isto funciona, tomemos o exemplo do Rio Amazonas entre as cidades de Macapá e Manaus.

Neste trecho, a cidade de Parintins fica a aproximadamente 600 km de Manaus e 600 km de Macapá.

Se o Rio Amazonas fosse um fractal matemático como a Curva de Koch, poderíamos identificar cópias reduzidas exatas de seu todo ao longo de seu curso e, assim, determinar sua dimensão usando a equação.

Mas o Rio Amazonas é um fractal natural e, portanto, seus trechos são cópias estatisticamente semelhantes do todo. Então, na média, os trechos Manaus – Parintins (I) e Parintins – Macapá (II) são muito parecidos com o rio inteiro.

Para determinar a dimensão dos trechos I e II, usamos o processo chamado de **"contagem de quadrados"**.

Sabemos que a dimensão é dada por

$$d = \log(N)/\log(1/s)$$

Para contar quadrados, inserimos o objeto para o qual queremos determinar a dimensão, no caso, o Rio Amazonas, em uma retícula formada por quadrados de lado igual a s. A escolha de s depende do tamanho do mapa de nosso objeto. Escolhemos, então, um tamanho $s1$ para o quadrado e contamos quantos quadrados ($N1$) da retícula foram necessários para cobrir todo o objeto.

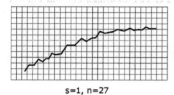
s=1, n=27

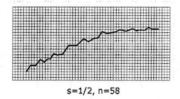
s=1/2, n=58

Depois, vamos diminuindo o tamanho dos quadrados ($s2$, $s3$, $s4$...), e contamos os respectivos números de quadrados ($N1$, $N2$, $N3$...).

Podemos, então, traçar um gráfico

$$\log(N) \times \log(1/s)$$

Linearizando os trechos entre os pontos, obtemos uma linha reta de inclinação d, igual a

$$d = \log(N)/\log(1/s)$$

que é a dimensão do objeto.

Aplicando este procedimento a nosso exemplo do Rio Amazonas e usando somente dois valores de $s1 = 1$ e $s2 = ½$, obtemos para o trecho (I):

Trecho I

N	$\log(N)$	s	$\log(1/s)$
27	1,431	1	0
58	1,763	1/2	0,301

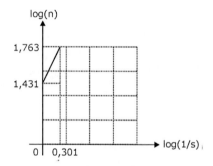

Verificamos, então, que a inclinação da reta, ou a dimensão do trecho I do Rio Amazonas é

$$d = (1,763 - 1,431)/(0,301 - 0) = 1,103$$

Para o trecho (II) obtemos valores próximos:

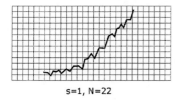
s=1, N=22

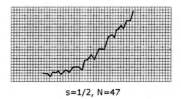
s=1/2, N=47

Trecho (II)

N	log (N)	s	log($1/s$)
22	1,342	1	0
47	1,672	1/2	0,301

Verificamos, então, que a dimensão do trecho (II) do Rio Amazonas é

$$d = (1{,}672 - 1{,}342)/(0{,}301 - 0) = 1{,}096$$

Se extrapolarmos este resultado para outros trechos do rio, resulta que a dimensão do Rio Amazonas é 1,10, aproximadamente.

A dimensão de um rio, assim como a de muitas formas naturais, depende de sua idade. Um rio normalmente nasce como um canal de alta vazão e curso razoavelmente reto. Com o passar do tempo, o rio começa a se dividir, novos afluentes surgem e os acidentes ao longo do curso aumentam. Então, a dimensão do rio cresce com o passar dos anos e séculos. Neste sentido, a dimensão fractal nos dá informações sobre o processo evolucionário do rio, e, de forma similar, das cordilheiras e de muitas outras formas encontradas na geologia terrestre.

Assim como a dimensão do Rio Amazonas está situada entre o espaço unidimensional e o espaço bidimensional, podemos construir objetos cuja dimensão está entre os espaços bidimensional e tridimensional.

Por exemplo, pegue uma folha de papel de 5 x 10 cm e amasse-a até formar uma bola de papel. Esta bola de papel tem dimensão entre 2 e 3. A tentativa de construir objetos de 3 dimensões a partir de objetos de 2 dimensões produz estruturas fractais quebradiças com espaços vazios irregulares como a bola de papel.

Quanto mais rugosa é uma curva, mais próxima de 2 será sua dimensão, e quanto mais espaços vazios existirem na bola de papel, mais próxima de 2 será sua dimensão.

Um exemplo de fractal matemático com dimensão $d = 2, 726...$ é a Esponja de Menger.

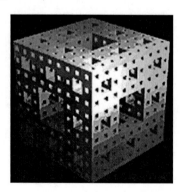

Esponja de Menger

E quanto ao **comprimento** do Rio Amazonas? Como podemos medí-lo?

O comprimento, ou perímetro de figuras euclidianas como um segmento de reta, um círculo ou uma espiral, seja ele finito ou infinito, pode ser calculado através das fórmulas que conhecemos bem.

Qual é o comprimento de um fractal matemático como a Curva de Koch ?

Como vimos, para construir a Curva de Koch começamos com uma curva de 4 segmentos de mesmo comprimento e, em cada um destes segmentos, construímos uma nova curva auto-semelhante de 4 segmentos e assim indefinidamente.

Sendo L o comprimento de cada um dos 4 segmentos iniciais, temos

passo	comp. do segmento	n° de segmentos	comprimento total
1°	L	1	L
2°	$L/3$	4	$4L/3$
3°	$L/3^2$	4^2	$(4^2/3^2)L$
4°	$L/3^3$	4^3	$(4^3/3^3)L$
k^o	$L/3^k$	4^k	$(4^k/3^k)L$

Então, o comprimento da Curva de Koch é

$$\lim k??\ L(4/3)k = ?$$

Mais uma vez, um comprimento infinito em uma área finita.

O leitor poderá desenhar a Curva de Koch usando 10, 20 ou 50 interações e não precisará usar mais espaço no papel, porque o que aumenta o comprimento é o aumento da rugosidade, sendo que esta só é perceptível até o nível de resolução que podemos visualizar o desenho, ou o tamanho do pixel de nossa impressora.

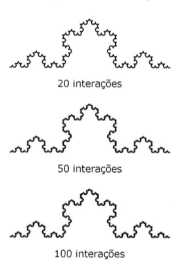

20 interações

50 interações

100 interações

Voltando ao Rio Amazonas, será seu comprimento também infinito? Bem, o Rio Amazonas não é um fractal matemático, mas um fractal natural. Infelizmente, não existe uma fórmula para o comprimento do Rio Amazonas. A única forma de obtê-lo é medindo o comprimento.

Agora, para medir este comprimento temos várias possibilidades. Podemos medir com um compasso em um mapa, ou podemos, munidos de uma fita métrica, ir até o Rio Amazonas e medir o comprimento no local.

Vamos supor que temos um mapa do Rio Amazonas em escala 1:1.000.000.

Vamos usar quatro aberturas de compasso para as medições.

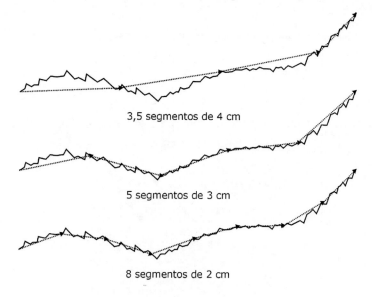

3,5 segmentos de 4 cm

5 segmentos de 3 cm

8 segmentos de 2 cm

abertura	corresponde a	segmentos	comprimento medido
4 cm	400 km	3,5	1.400 km
3 cm	300 km	5	1.500 km
2 cm	200 km	8	1.600 km
0,2 cm	20 km	100	2.000 km

A surpresa é que, à medida que reduzimos a abertura do compasso, o comprimento medido do Rio Amazonas é maior. De fato, quanto menor a abertura do compasso, mais segmentados serão os trechos que descrevem as curvas do rio e mais longa será a distância medida. Por exemplo, em uma medição, poderemos não estar considerando as sinuosidades do rio como na foto, mas, em uma escala menor, isto poderá estar sendo considerado.

Rio Amazonas

Então, qual é o comprimento do Rio Amazonas?

Se fizermos a escala *s* da abertura do compasso tender a zero, isto é, viajarmos até o Rio Amazonas e, com uma abertura de compasso tendendo a zero, medirmos o comprimento, o resultado da medição será um comprimento infinito. Entretanto, a medição do curso de um rio é limitada pela natureza das margens do rio, por onde terminam as margens e começa a água, etc. Obviamente, seria ridículo tentar medir o rio com este nível de precisão.

De fato, não existe **o comprimento** do Rio Amazonas. O que de melhor podemos fazer é determinar **um comprimento,** considerando a precisão desejada, em função do uso que iremos dar a esta medição.

Além dos rios, árvores e flocos de neve, devemos mencionar que muitos sistemas do corpo humano possuem estrutura fractal. Por exemplo, nossos pulmões não são sacos vazios que se enchem de ar. Eles são ramificações que terminam em alvéolos.

Eles se compõem de uma estrutura fractal com uma grande área de superfície por volume, para permitir a máxima absorção do oxigênio que passa pelo sangue.

Assim, também nossos sistemas circulatório e digestivo apresentam estrutura fractal de grande eficiência.

As Aplicações da Geometria Fractal

A aplicação da Geometria Fractal que parece mais promissora está na Computação Gráfica.

Imagens fractais são hoje usadas pelos programas de computação gráfica para representar formas naturais e paisagens de maneira realística. E isto é feito economizando a parte mais cara do computador que é a memória, pois, como vimos, os pontos de uma paisagem são calculados um a um usando a Função Interativa, não sendo necessário guardar a imagem completa na memória.

Imagens disponíveis no Corel Draw

A pergunta que fica é: será algum dia viável gerar **qualquer** imagem a partir de uma Função Interativa? Nosso palpite é na resposta afirmativa.

Capítulo 7

Fractal de Mandelbrot

Variando o conjunto das regras de uma Função Interativa, os mais exóticos fractais são gerados. Destes, o mais famoso é o **Fractal de Mandelbrot**.

Em 1985, a revista Scientific American publicou, pela primeira vez, pedaços de imagens do Fractal de Mandelbrot. Estas imagens são hoje vistas em posters, camisetas, cartões postais, capas de CD's, etc., devido a sua excepcional beleza.

A primeira coisa a dizer é que o Fractal de Mandelbrot **não** é uma forma encontrada na natureza como a samambaia e o floco de neve.

A Função Interativa que gera o Fractal de Mandelbrot usa o sistema de duas equações:

$$x_{n+1} = x_n2 - y_n2 + a$$

$$y_{n+1} = 2\, x_n y_n + b$$

O leitor pode pensar nestas equações como uma "máquina de transportar" pontos. Cada ponto é obtido do anterior. Como em todos os fractais, a última imagem gerada é composta pelos pontos da última interação.

Os valores de a e b são os únicos ajustes que podem ser feitos na máquina, e determinam a que distância e em que direção será colocado o próximo ponto.

Para iniciar a máquina, definimos um ponto inicial ($x0$, $y0$) de onde partir.

Digamos que $x0 = 0$ e $y0 = 0$.

Se ajustamos os valores $a = 0$ e $b = 0$, teremos $x1 = 0$, $y1 = 0$, $x2 = 0$, $y2 = 0$, etc., o que significa que não saímos do lugar.

Agora, substituímos o valor de para $a = 1$, mantendo os demais valores. Temos

$$x0 = 02 + 02 + 1 = 1$$

$$y0 = 2?0?0 + 0 = 0$$

$$x1 = 12 + 02 + 1 = 2$$

$$y1 = 2?1?0 + 0 = 0$$

$$x1 = 22 + 02 + 1 = 5$$

$$y1 = 2?5?0 + 0 = 0$$

Capítulo 7 – Fractal de Mandelbrot | 83

n	xn	yn
0	0	0
1	1	0
2	2	0
3	5	0
4	26	0
5	677	0

O ponto ($x0$, $y0$) escapa para o infinito.

Em uma nova experiência, ajustamos os valores $a = 0$ e $b = 1$.

n	xn	yn
0	0	0
1	0	-1
2	-1	1
3	0	-1
4	-1	1
5	0	-1

Aquí, no lugar de escapar para o infinito, o ponto fica preso em um ciclo de 2 posições (ciclo-2), indo e voltando de (-1, 1) para (0, -1).

Mais uma seqüência, agora com os valores $a = -1,5$ e $b = 0$.

n	xn	yn
0	0	0
1	-1,5	0
2	0,75	0
3	-0,9375	0
4	0,6210	0
5	-1,1132	0
6	-0,2584	0

Os pontos parecem sempre cair em um intervalo, mas, mesmo que você calcule milhões destes pontos, não se percebe qualquer regularidade nas trajetórias. Então, neste caso, dizemos que os pontos neste intervalo se comportam de maneira **caótica**.

Capítulo 7 – Fractal de Mandelbrot

Capítulo 8

Existe Arte Fractal?

O Fractal de Mandelbrot é gerado pelas duas equações para $xn+1$ e $yn+1$ vistas acima. Se mudarmos as equações, por exemplo, para

$$xn+1 = xn3 - yn3 + a$$

$$yn+1 = 3\,xnyn + b$$

estaremos gerando um novo fractal.

Então, o leitor poderá inventar uma equação qualquer, aplicar a interação e criar as suas próprias imagens.

A descoberta de que simples equações podem ser transformadas nas mais surpreendentes imagens, que podem ser produzidas em computadores pessoais, chamou a atenção de artistas nos últimos anos.

É fato que a maioria das equações produzem imagens banais, sendo geralmente necessário um grande número de tentativas para se conseguir chegar a algo interessante.

Para facilitar este processo, existem programas de computador, como Fractint e Ultrafractal, que, sem requerer qualquer conhecimento de matemática, possibilitam gerar imagens de grande impacto visual.

Se estas imagens, produzidas inteiramente pelo computador, nas quais o elemento humano faz apenas uma seleção do que lhe é particularmente agradável aos olhos, são arte, é uma questão filosófica que deixamos para o leitor decidir.

A seguir, algumas imagens criadas pelo autor usando o Ultrafractal.

Em algumas das imagens foram inseridas clip-arts para tentar um toque de realismo.

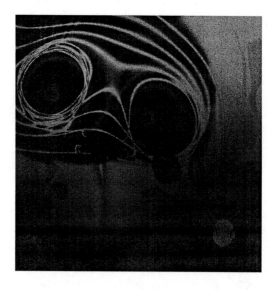

Comportamento Caótico

Como dissemos no início desta seção, limitamo-nos aqui à Geometria Fractal. O estudo da ciência do Caos e dos Sistemas Dinâmicos não cabe aqui, porque isto nos levaria a assuntos muito além da geometria.

Mas uma abordagem completa da Geometria Fractal não poderia deixar de fora pelo menos o conceito intuitivo de comportamento caótico.

Quando dizemos que os pontos no intervalo têm comportamento caótico, estamos nos referindo a um fenômeno que está sempre conosco, qual seja, o fenômeno da **imprevisibilidade**. A imprevisibilidade está no nosso dia-a-dia, nas "previsões" do tempo, nas oscilações do mercado acionário, na forma que toma a fumaça de um cigarro. Um bater de asas de uma borboleta na China pode causar uma tempestade no Brasil? É impossível prever.

Qual é a razão da imprevisibilidade ?

Todos estes sistemas envolvem inumeráveis variáveis. È impossível para o ser humano prever o comportamento conjunto de todas as variáveis que influenciam a economia, ou as moléculas de água que compõem a correnteza em um rio. Um levíssimo bater de asas de uma borboleta pode, sim, provocar uma tempestade no Brasil. Mas, se esse bater de asas ocorrer um décimo de segundo depois, talvez a tempestade não ocorra.

O fato é que não somente estes fenômenos complicados constituem sistemas caóticos. É extraordinário que uma simples função matemática quadrática, como $Q = cx(1 - x)$, se torne imprevisível ou caótica em certas circunstâncias. Quais circunstâncias? Este é o tema da disciplina "Sistemas Dinâmicos" .

O fato é que todos os ingredientes do Caos estão presentes nesta simples equação.

A descoberta de sistemas caóticos, que podem se originar de uma forma tão simples, estimulou os cientistas a explorar os fenômenos caóticos e deverá ter importantes aplicações na Física e na Engenharia.

Fractal de Mandelbrot

Vamos, agora, construir o Fractal de Mandelbrot , usando as equações mencionadas.

$$xn+1 = xn2 - yn2 + a \quad (1)$$

$$yn+1 = 2\, xnyn + b \quad (2)$$

(i) desenhe um círculo de raio 2, com centro na origem do plano (x, y);

(ii) selecione um valor para a e um valor para b, como nos exemplos anteriores;

(iii) com estes valores de a e b, calcule os pontos xn e yn e faça $n = 100$ por exemplo;

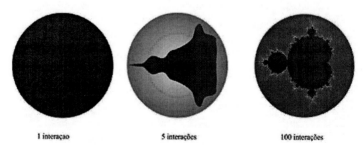

1 interação   5 interações   100 interações

CAPÍTULO 7 – FRACTAL DE MANDELBROT

(iv) acione a máquina de transportar pontos nas equações (1) e (2), até chegar a $x100$ e $y100$;

(v) se o ponto permanecer dentro do círculo, pinte-o de preto, caso contrário, despreze-o;

(vi) selecione novos valores para a e b, e volte para (iii).

O Fractal de Mandelbrot é a figura formada pelos pontos pretos que sobraram após k seleções de a e b.

À medida que o número de interações aumenta, mais pontos escapam para o infinito e a figura da imagem atratora vai aparecendo claramente depois de cerca de 50 interações.

O Fractal de Mandelbrot já foi chamado de o mais complexo objeto da matemática. Em seu interior, infinitas regiões podem ser observadas. As imagens a seguir mostram este fractal, do qual plotamos também pontos que escapam para o infinito. As cores dependem do número de interações que o ponto levou para escapar para o infinito.

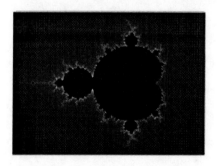

Embora, como em todo fractal, cada pequena região deva lembrar o todo, no Fractal de Mandelbrot apresentam-se pequenas diferenças nos detalhes. O Fractal de Mandelbrot é, sem dúvida, um dos objetos mais intricados que conhecemos.

A seguir, ilustramos algumas de suas regiões.

Capítulo 8 – Existe Arte Fractal? | 93

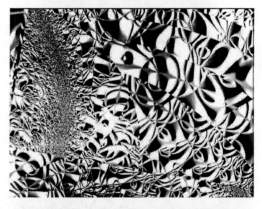

94 | GEOMETRIA FRACTAL

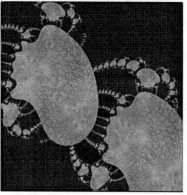

96 | Geometria Fractal

Bibliografia

– PICKOVER, C. A. **Chaos and Fractals**.

– PEITGEN, Heinz-Otto; JÜRGENS, Hartmut; SAUPE, Dietmar. **Chaos and Fractals**.

– PEITGEN, Heinz-Otto; JÜRGENS, Hartmut; SAUPE, Dietmar. **Chaos and Fractals: New Frontiers of Science**.

– **DEVANEY, Robert L.; KEEN, Linda. Chaos and Fractals: The Mathematics Behind the Computer Graphics (Proceedings of Symposia in Applied Mathematics).**

– PICKOVER, Clifford A. **Computers, Pattern, Chaos and Beauty**.

– STEWART, Ian. **Does God Play Dice? The New Mathematics of Chaos**.

– BARNSLEY, Michael. **Fractals Everywhere**.

- FLAKE, Gary William. **The Computational Beauty of Nature: Computer Explorations of Fractals, Chaos, Complex Systems, and Adaptation**.

- STEVENS, Richard. **Understanding Self-Similar Fractals: A Graphical Guide to the Curves of Nature**.

Índice

A
A Samambaia de Barnsley, 34
afinidade, 45
Atratora, 56
auto-semelhança estatística, 35, 45
auto-semelhante, 29, 41, 45, 46, 75

C
Cantor, 1
Cantor-Schooder-Berstein,
  19, 22, 28
Cardinais Transfinitos, 16
cardinalidade,
  10, 12, 15, 16, 17, 19, 20, 21, 22,
  23, 24, 25, 26, 27, 28, 58
Cesta de Sierpinski, 48, 56, 66
Comportamento Caótico, 85
Conjunto de Cantor,
  1, 2, 28, 48, 58, 60, 63, 66
Conjuntos Denumeráveis, 9
Continuum, 9, 26
Curva de Koch, 29

D
denumerável,
  9, 10, 12, 14, 16, 20, 21, 26, 28
denumerável, 12
Dimensões Fractais, 63
Dinâmicos, 85

E
Euclides 7
Existe Arte Fractal 91

F
fator de escala,
  37, 38, 39, 41, 42, 45, 46,
  50, 56, 66
fractais matemáticos, 35, 70
fractais naturais, 35, 48, 61, 70
Fractal de Mandelbrot, 81, 86
Função Interativa
  55, 58, 61, 63, 80, 81

GEOMETRIA FRACTAL

G
George Cantor, 6, 8

H
Hipótese do Continuum, 27

I
Imagem Atratora, 57
imprevisibilidade, 85
Infinitos, 6, 21
Interativa, 80
invariância, 35

K
Koch,
29, 30, 45, 46, 48, 63, 66, 75, 76

M
Mandelbrot, 1, 81, 87, 88, 91

N
número irracional, 20
números primos, 7
números racionais,
10, 11, 12, 16, 17

O
O Jogo do Caos, 32, 33

P
ponto extremo, 5

S
Samambaia de Barnsley, 55
Sierpinsk, 46
Sierpinski,
31, 32, 33, 56, 64, 65, 66, 68
Sistemas Dinâmicos, 1, 85

T
Teorema da Colagem, 47
Teorema da Diagonal, 11, 18
Transformações Afins, 49
transformações afins,
48, 49, 53, 55, 58

Impressão e acabamento
Gráfica da Editora Ciência Moderna Ltda.
Tel: (21) 2201-6662